El ciclo de vida de la RANA

Bobbie Kalman y
Kathryn Smithyman

Un libro de la corona de Crabtree

Crabtree Publishing
crabtreebooks.com

El ciclo de vida de la

Autoras: Bobbie Kalman y Kathryn Smithyman

Editoras Amanda Bishop, Niki Walker

Diseño Rhea Wallace

Consultora Patricia Loesche, Ph.D., Programa sobre el comportamiento de animales, Departamento de Psicología, University of Washington

Fotografías Shutterstock

Crabtree Publishing

crabtreebooks.com 800-387-7650

Printed in Canada/012025/CP20250101

Published in Canada
Crabtree Publishing
616 Welland Ave.
St. Catharines, Ontario
L2M 5V6

Published in the United States
Crabtree Publishing
347 Fifth Ave
Suite 1402-145
New York, NY 10016

Hardcover: 978-1-0398-6506-8
Paperback: 978-1-0398-6575-4
Ebook (pdf): 978-1-0398-6644-7
Epub: 978-1-0398-6713-0
Audio: 978-1-0398-6776-5
Read-Along: 978-1-0398-6839-7

Contenido

¿Qué es una rana?

Las ranas son animales **de sangre fría**. La temperatura de su cuerpo cambia cuando cambia el ambiente a su alrededor. Por ejemplo, la rana de la foto eleva la temperatura de su cuerpo sentándose al sol. Si le da mucho calor, puede saltar al agua fresca para reducir la temperatura de su cuerpo. La temperatura corporal de los animales **de sangre caliente**, como los perros, es más o menos la misma sin importar qué tan frío o caliente es el ambiente que los rodea.

Doble vida

Las ranas pertenecen a la familia de animales de los **anfibios**. La palabra "anfibio" significa "doble vida". Los anfibios viven parte de su vida en el agua y la otra parte en tierra firme. Hay tres grupos principales de anfibios: **Anuros**, **Cecilias** y **Caudados**.

Las ranas pertenecen al grupo de los Anuros. "Anuros" significa "sin cola".

Las cecilias no tienen extremidades y parecen gusanos.

Los tritones y las salamandras son caudados. Este caudado es un tritón.

Ranas fascinantes

Las ranas viven sobre la Tierra desde hace al menos 190 millones de años. Hoy en día hay cerca de 2,800 **especies**, o tipos, de ranas. Viven en todos los lugares de la Tierra, excepto en la Antártica. La mayoría vive en pantanos y bosques húmedos. No pueden vivir en el agua salada ni cerca de ella.

Las otras tres son ranas arbóreas. Estas ranas tienen ventosas en los dedos, que les sirven para pegarse a las ramas y hojas resbaladizas.

Muchos tamaños y formas

Hay ranas de todos los tamaños y colores. La forma y el color ayudan a algunas ranas a ocultarse de sus **depredadores**. La rana cornuda que aparece en la parte superior de la página se confunde fácilmente con las hojas caídas. Las ranas venenosas no se tienen que esconder, como la rana roja venenosa de la derecha. Sus colores brillantes advierten a los depredadores para que no se acerquen.

En el agua y en la tierra

Casi todas las ranas viven en la tierra cerca de lagunas, arroyos o ríos. Viven allí porque respiran aire, pero el agua también es muy importante para ellas. Nacen en el agua, y vuelven a ella cuando son adultas. Necesitan agua para evitar que su delgada piel se seque. La rana verde que aparece a continuación es una rana común que vive en los **pantanos** de América del Norte.

*Algunas ranas, como esta **Rana sylvatica**, obtienen agua sin vivir cerca de una laguna. Viven en agujeros en la tierra o en troncos podridos. Buscan agua en charcos y montones de hojas.*

¿Qué es un ciclo de vida?

Todos los animales pasan por una serie de cambios que se llaman el **ciclo de vida**. **Nacen** de un huevo, y luego crecen y se convierten en adultos. Cuando son adultos, los animales tienen crías propias. Al nacer, la mayoría de las crías parecen pequeñas copias de los adultos. Pero las ranas no. Cuando salen del huevo son **renacuajos**. Luego pasan por una **primera etapa de vida adulta**, y finalmente terminan de convertirse en adultos. El cuerpo de la rana cambia completamente durante las cuatro etapas de su ciclo de vida, que se muestra a continuación. Este cambio total del cuerpo se llama **metamorfosis**.

De semanas a un año

Todas las ranas pasan por la metamorfosis, pero algunas demoran mucho más que otras en convertirse en adultos. Algunas pasan por las cuatro etapas del ciclo de vida en unas cuantas semanas, pero otras tardan meses. Por ejemplo, una rana toro tarda un año entero en crecer de renacuajo a adulto.

Período de vida

El **período de vida** no es lo mismo que el ciclo de vida. El período de vida es el tiempo que un animal está vivo. El ciclo de vida es el conjunto de cambios por los que pasa un animal para convertirse en un adulto que puede tener crías.

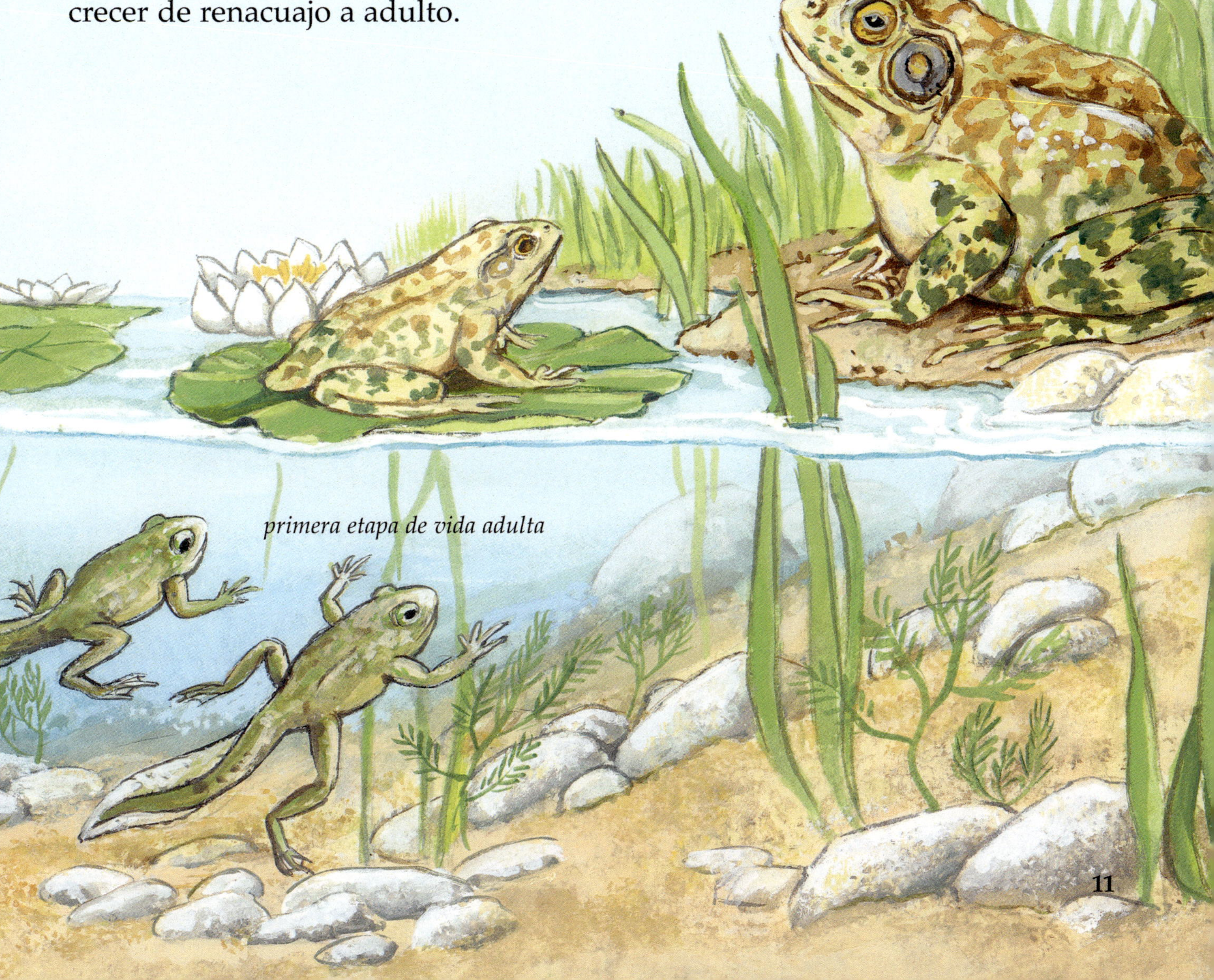

rana

primera etapa de vida adulta

Huevos flotantes

Cada primavera, cuando las ranas ponen sus huevos, comienza un nuevo ciclo de vida. La acción de poner huevos se llama **desovar**. La mayoría de los huevos se encuentran en aguas tranquilas y poco profundas, en montones de hasta 4,000 huevos. Pero sólo la mitad de ellos se convertirán en renacuajos. Muchos serán alimento de tortugas, peces y otros animales. Incluso si un huevo produce un renacuajo, éste puede ser alimento de otro animal antes de convertirse en adulto. Las ranas ponen muchos huevos para asegurarse de que al menos algunos de los renacuajos sobrevivan y lleguen a ser adultos.

¿Qué hay adentro?

Al principio, un huevo de rana es como una gota pequeña y transparente con un punto negro en el medio. El punto negro es el renacuajo que crece. La gelatina transparente es la "cáscara" del huevo. Protege a los pequeños renacuajos y los ayuda a mantener el calor.

Los huevos de la rana roja venenosa son tan pequeños que pueden crecer en el agua que se acumula sobre una hoja en los bosques tropicales.

Pequeños renacuajos

El renacuajo nace, o sale del huevo, después de más o menos una semana. Ésta es la segunda etapa del ciclo de vida. El cuerpo del renacuajo está formado por una cabeza pequeña y una cola. Tiene **branquias** para respirar bajo el agua, igual que los peces. El renacuajo no puede nadar bien apenas nace. Se aferra a hierbas o plantas flotantes durante varios días después de nacer hasta que es lo suficientemente fuerte para nadar.

Estos jóvenes renacuajos no pueden abandonar el agua porque no pueden respirar aire con las branquias. Pero pronto les crecerán pulmones y entonces comenzarán a respirar aire.

Hacerse fuerte

Mientras el renacuajo crece, comienza a nadar cada vez más lejos y a comer pequeñas plantas acuáticas. Cuando tiene cerca de cuatro semanas de vida, le comienza a crecer piel sobre las branquias y dentro del cuerpo se forman los pulmones. Cuando los pulmones están listos, el renacuajo nada a la superficie del agua para respirar aire. Le crecen pequeños dientes que lo ayudan a comer plantas más grandes, como se muestra en esta foto. Comienza a nadar junto con otros renacuajos buscando comida.

Patas que crecen

La mayoría de los **nutrientes** que el renacuajo necesita se almacenan en la cola. Come plantas casi todo el tiempo y crece rápidamente. A medida que crece y cambia, ¡puede llegar hasta comer insectos muertos! En pocas semanas, el cuerpo, la cabeza y la cola del renacuajo son mucho más grandes que cuando nació. Pronto tendrá cuello entre la cabeza y el cuerpo.

Patas que crecen

Cuando el renacuajo cumple nueve semanas de vida, su cuerpo pasa por cambios todavía más grandes. Le crecen patas traseras, una a cada lado de la cola. Poco después, donde estaban las branquias le comienzan a crecer patas delanteras. A medida que las patas crecen, la cola comienza a encogerse. Luego, ¡la cola desaparece dentro del cuerpo del renacuajo! Mientras la cola se hace cada vez más pequeña, el renacuajo comienza a usar las patas traseras con dedos **palmeados** para nadar. La piel entre los dedos le permite usar las patas como remos. Ahora el renacuajo comienza a verse como una ranita.

*Esta rana ahora es **carnívora**. Sólo comerá insectos vivos y otros tipos de **presas** durante el resto de su vida.*

Pequeñas ranitas

Cuando el renacuajo cumple tres meses, ya casi no tiene cola; queda apenas una colita. La piel del renacuajo se ve y se siente como la de una rana adulta. De hecho, el renacuajo parece un adulto en miniatura. Es la primera etapa de su vida adulta.

Fuera del agua

En esta etapa, la rana se arrastra fuera de la laguna con sus nuevas patas. Pasa parte del tiempo en tierra firme buscando comida. Cuando era renacuajo, usaba sus dientes para obtener comida, pero como rana, tiene una lengua larga para atrapar insectos.

Totalmente crecida

Cuando la cola desaparece por completo, la pequeña rana se convierte en una rana adulta. Este cambio puede demorar unos cuantos días o varias semanas. En este momento, los colores y marcas de su piel están totalmente desarrollados. La rana adulta se puede **camuflar** controlando el tono de la piel. Puede conservar el calor oscureciendo la piel y refrescarse cambiando de color a un tono más claro.

La rana arbórea de ojos rojos oculta sus patas y dedos de colores vivos doblándolos debajo del cuerpo.

La piel de la rana leopardo adulta se hace más clara o más oscura para mezclarse con el ambiente que la rodea.

El ciclo continúa

Las ranas se **aparean**, o reproducen, en primavera. Cuando una rana macho está lista para aparearse, se dirige a una laguna, un pantano, o incluso un charco. Cientos o miles de otros machos se le unen. Esperan a que las ranas hembras lleguen al **lugar de reproducción**.

Suelen reproducirse en lagunas de aguas tranquilas. Evitan las lagunas con muchos peces porque algunos se comen a las ranas pequeñas y a los huevos.

La foto muestra varias ranas leopardo reuniéndose en un lugar de reproducción.

Elegir la laguna con cuidado

Muchas ranas usan cualquier laguna adecuada como lugar de reproducción, pero algunas sólo se reproducen en la laguna donde nacieron. Estas ranas **migran**, es decir, viajan de vuelta al mismo lugar de reproducción todos los años. En la mayoría de los casos el viaje es bastante corto, aunque algunas ranas viajan varias millas.

La rana arbórea verde también se conoce como "rana timbre" porque el llamado del macho para aparearse parece un timbre fuerte.

"¡Mírenme!"

Las ranas machos a veces compiten por la atención de las hembras. Inflan los sacos de la garganta y croan o producen chirridos fuertes. Las hembras siguen los sonidos de los machos cuando quieren aparearse. Las ranas grandes tienen voces más graves que las más pequeñas de su especie. Las hembras prefieren las voces más graves.

Algunas ranas venenosas bailan para atraer a su pareja, como estas ranas rojas. Como son venenosas, no tienen que preocuparse por atraer la atención de los depredadores.

Comida de ranas

Para cazar, la rana espera a que las presas vivas, como los insectos, vuelen cerca para atraparlas con su lengua larga y pegajosa. La lengua de la rana está fija en la parte delantera de la boca. Alcanza una larga distancia y se mueve rápidamente.

Las ranas pequeñas comen muchos insectos pequeños. Las ranas grandes comen ratas, ratones y pequeñas serpientes. Algunas ranas grandes, como la de la foto, ¡se comen incluso a otras ranas más pequeñas! Tienen bocas enormes que se abren bien para poder tragar enteras a las presas grandes.

¡Cuidado!

Como todos los animales, las ranas son una parte importante de la **cadena alimentaria**. Comen animales tales como insectos y, a su vez, sirven de alimento para otros animales. Las víboras, las aves, los peces, los lagartos y las ratas necesitan a las ranas como parte de su dieta. De lo contrario, podrían morir de hambre. Las ranas también comen muchos insectos. ¡Ayudan a controlar las plagas de manera natural!

Sobrevivir el invierno

Las ranas no pueden vivir en temperaturas muy frías. Las que viven en lugares con inviernos fríos deben encontrar un lugar para conservar el calor hasta que llegue la primavera. Nadan hasta el fondo de las lagunas y **excavan** en el barro. El barro es más tibio que el agua o el aire y es un buen lugar para **hibernar**. Hibernar significa quedarse muy quieto, como en un sueño profundo.

Cómodas y calentitas

El barro y las plantas del fondo de las lagunas atrapan burbujas de aire, que las ranas respiran. Cuando el sol entibia la laguna en primavera, las ranas despiertan y salen arrastrándose de sus agujeros.

Evitar el calor

Las ranas que viven en regiones cálidas también excavan y duermen para sobrevivir el calor y las **sequías**, o falta de lluvia. Este estado parecido al sueño se llama **estivación**. Es similar a la hibernación.

Después de que la rana ha salido de su agujero, tiene mucha hambre y come toda la comida que encuentra.

¿Rana...

Los sapos son un tipo de rana. Tienen el mismo ciclo de vida que las ranas y, como éstas, los hay de todos los tamaños y colores. El cuerpo del sapo apenas se diferencia del de las ranas. Mira la rana a continuación y compárala con el sapo de la página 27.

Los ojos saltones de la rana le permiten ver al frente, a los costados y atrás al mismo tiempo.

Las ranas no necesitan tomar agua. La absorben a través de su piel delgada y húmeda. Si la piel se seca, la rana muere.

Las patas traseras y los dedos palmeados de las ranas son perfectos para saltar y nadar.

...o sapo?

La mayoría de los sapos viven en lugares secos. Su piel es rugosa, mientras que las ranas tienen piel lisa. Tienen **glándulas** venenosas detrás de los ojos para protegerse de los depredadores. Sus cortas patas traseras son para dar brinquitos o caminar, no para saltar.

A diferencia de las ranas, los sapos, como este sapo gigante, no pueden cambiar el color de la piel para camuflarse.

Ranas en peligro

Las ranas son muy sensibles al ambiente que las rodea. Incluso cambios pequeños en el ambiente pueden afectar mucho su salud. Las ranas son una **especie indicadora**, porque reaccionan a estos cambios antes que otros animales. La presencia, ausencia y la salud de las ranas de una región nos pueden informar sobre la salud del medio ambiente.

En todo el mundo se están observando **malformaciones** en las ranas, o ranas con cuerpos anormales. A algunas les faltan los ojos o las patas. Otras tienen patas de más, o que no se formaron bien. Nadie sabe bien por qué las ranas comienzan a tener estas malformaciones, pero mucha gente cree que la **contaminación** del aire y el agua tienen la culpa.

Científicos de todo el mundo están estudiando a las ranas para descubrir por qué tienen malformaciones y mueren. Después de comer ranas con malformaciones, otros animales también se enferman. Si la contaminación hace que las ranas y otros animales se enfermen, pasará lo mismo con las personas.

Menos lugares para vivir

Las ranas son parte de un planeta saludable, pero están en problemas. El mayor peligro para ellas es la pérdida de sus **hábitats** en todo el mundo. Los seres humanos drenan pantanos, cortan bosques y construyen carreteras y edificios en los lugares donde antes vivían ranas. **Introducen**, o traen, animales nuevos a los hábitats de las ranas. Algunos animales se comen a los renacuajos y ranas, y otros compiten con las ranas por el alimento.

Ranas que desaparecen

La cantidad de ranas está disminuyendo en todo el mundo. Al menos tres tipos se han **extinguido** en los últimos veinte años. Los animales extintos ya no habitan ningún lugar de la Tierra. Incluso las ranas de los bosques tropicales han comenzado a desaparecer, y están en zonas lejanas de los lugares donde hay gente. Los científicos piensan que es culpa de la contaminación.

Las ranas sólo pueden sobrevivir en agua no contaminada por sustancias químicas. Si en una laguna no hay ranas ni otros anfibios, es una señal de que está contaminada.

Las ranas no usan protección solar

Todos los años, más **luz ultravioleta** del sol llega a la Tierra. Esta luz broncea y causa quemaduras de sol y cáncer de piel a los seres humanos. Algunos científicos creen que la luz ultravioleta extra puede afectar el crecimiento de las ranas y producir las malformaciones.

Ayudemos a las ranas

Puedes ayudar a las ranas y a otros animales cuidando el medio ambiente. Pídele a tus padres, a tu maestro o a tus vecinos que te ayuden a organizar una limpieza de lagunas y arroyos locales, y otras áreas húmedas. Recoger la basura cerca de las lagunas y arroyos contribuye a la conservación de los hogares de las ranas.

Pídele a tu familia y a los vecinos que dejen de usar productos químicos para el césped y el jardín. Cuando llueve, el agua lleva los productos químicos rociados en el césped o los cultivos hasta las lagunas, los ríos y los lagos donde viven las ranas. Estos productos pueden dañar a las ranas y a otros animales.

Estos niños están limpiando una zona de pantano. Por eso están recogiendo basura.

Sustancias químicas ocultas

Incluso los jabones tienen sustancias químicas dañinas, como los detergentes para lavar los platos y los jabones para la ropa. Si tus amigos y tu familia comienzan a usar jabones y limpiadores naturales o **biodegradables**, menos sustancias químicas llegarán al ciclo del agua. Recuerda que todo lo que rociamos en el césped y tiramos por el inodoro o por el fregadero termina en nuestros lagos, lagunas, ríos y océanos.

Glosario

biodegradable Palabra que describe algo que se puede descomponer naturalmente, sin contaminar

branquia Parte del cuerpo de los peces y renacuajos que toma oxígeno del agua

camuflaje Colores y diseños de la piel que ayudan a los animales a mezclarse con el ambiente que los rodea

camuflar Disimular la presencia mezclándose con el ambiente alrededor

carnívoro Animal que come sólo carne

contaminación Sustancia que daña el medio ambiente

depredador Animal que caza a otros animales para alimentarse

glándula Parte del cuerpo que libera líquido

hábitat Lugar natural donde se encuentra una planta o animal

nacer Para algunos animales, salir del huevo

nutrientes Materiales que el cuerpo necesita para crecer y permanecer sano

palmeado Palabra que describe las láminas de piel entre los dedos de las patas

pantanos Zonas de tierra que están bajo aguas poco profundas durante todo o parte del tiempo

presa Animal que es cazado por otro

Índice